Ruby Jindal

Renovação enraizada: Cultivando um amanhã mais verde

Renovação enraizada: Cultivando um amanhã mais verde

Ruby Jindal

Renovação enraizada: Cultivando um amanhã mais verde

ScienciaScripts

Imprint

Any brand names and product names mentioned in this book are subject to trademark, brand or patent protection and are trademarks or registered trademarks of their respective holders. The use of brand names, product names, common names, trade names, product descriptions etc. even without a particular marking in this work is in no way to be construed to mean that such names may be regarded as unrestricted in respect of trademark and brand protection legislation and could thus be used by anyone.

Cover image: www.ingimage.com

This book is a translation from the original published under ISBN 978-620-7-64731-6.

Publisher:
Sciencia Scripts
is a trademark of
Dodo Books Indian Ocean Ltd. and OmniScriptum S.R.L publishing group

120 High Road, East Finchley, London, N2 9ED, United Kingdom
Str. Armeneasca 28/1, office 1, Chisinau MD-2012, Republic of Moldova, Europe
Printed at: see last page
ISBN: 978-620-7-65865-7

ÍNDICE DE CONTEÚDOS

PREFÁCIO

No ritmo agitado da vida moderna, no meio da selva de betão que define as nossas paisagens urbanas, é fácil ignorar os gigantes silenciosos que testemunharam a passagem do tempo - as árvores. No entanto, nas suas formas imponentes encontra-se uma história tão antiga como a própria terra, uma narrativa de resiliência, interligação e ligação duradoura entre a humanidade e a natureza.

Este livro é uma celebração das árvores - um testemunho do seu profundo significado na formação do nosso mundo e das nossas vidas. Através das suas páginas, embarcamos numa viagem ao coração das florestas, espaços verdes urbanos e jardins comunitários, explorando o poder transformador da plantação de árvores e as suas implicações de longo alcance para a conservação ecológica, coesão social e desenvolvimento sustentável.

Ao mergulharmos nos meandros da plantação de árvores, descobrimos as inúmeras formas como as árvores enriquecem as nossas vidas e o nosso planeta. Desde o seu papel como guardiãs da biodiversidade até à sua capacidade de nutrir comunidades vibrantes e mitigar os impactos das alterações climáticas, as árvores incorporam a essência da resiliência e da renovação, oferecendo esperança para um futuro mais brilhante e sustentável.

Mas este livro é mais do que uma mera celebração das árvores; é um apelo à ação - um grito de alerta para que indivíduos, comunidades e governos se juntem num esforço partilhado para proteger e restaurar o mundo natural. Através de narrativas convincentes, conhecimentos científicos e orientações práticas, exploramos a forma como a plantação de árvores pode ser aproveitada como uma ferramenta poderosa para a gestão ambiental e a mudança social.

Por Dr. Ruby Jindal

(Universidade K.R.Mangalam, Gurugram)

CAPÍTULO 1

DESPERTAR PARA OS NOSSOS ALIADOS ARBÓREOS

No ritmo agitado da vida moderna, onde a cacofonia das ruas da cidade abafa os suaves sussurros da natureza, é demasiado fácil ficarmos presos na azáfama, cegos para a majestade silenciosa que nos rodeia - as árvores. Entre os arranha-céus imponentes e as auto-estradas que definem as nossas paisagens urbanas, estes gigantes silenciosos erguem-se como sentinelas estóicas, com as suas copas frondosas a estenderem-se em direção aos céus, num pedido silencioso de reconhecimento.

No entanto, nas suas formas imponentes encontra-se uma história que antecede o ritmo frenético do progresso humano - uma história tão antiga como a própria Terra. Durante incontáveis milénios, as árvores testemunharam o fluxo e refluxo da vida neste planeta, com as suas raízes profundamente enterradas na terra, ancorando-as ao próprio tecido da existência. Elas resistiram a tempestades e secas, testemunharam a ascensão e queda de civilizações e permaneceram firmes no seu compromisso de sustentar a vida em todas as suas inúmeras formas.

Mas para além do seu papel de meras observadoras da história, as árvores incorporam uma narrativa de resiliência e interligação que fala da própria essência da nossa existência. Nas suas relações simbióticas com fungos, insectos, aves e mamíferos, as árvores demonstram a intrincada teia de vida que nos une a todos. Purificam o ar que respiramos, sequestram carbono e regulam o clima, actuando como os pulmões do nosso planeta e salvaguardando o delicado equilíbrio dos nossos ecossistemas.

E, no entanto, no meio do clamor da modernidade, esquecemo-nos muitas vezes do profundo significado destas testemunhas silenciosas da passagem do tempo. Erguemos edifícios, pavimentamos estradas e desmatamos florestas sem pensar nas consequências das nossas acções, sem nos preocuparmos com o papel vital que as árvores desempenham na manutenção da vida na Terra. Na nossa busca incessante pelo progresso, arriscamo-nos a cortar as linhas de vida que nos ligam ao mundo natural, alheios à interconexão de todos os seres vivos.

Mas há esperança no meio da selva de betão - um vislumbre de consciência que cintila nos corações daqueles que se atrevem a ouvir os sussurros da natureza. Ao despertarmos para a sabedoria ancestral das árvores, começamos a reconhecer a profunda ligação que nos une ao mundo natural - uma ligação que transcende as fronteiras do tempo e do espaço. Na sua presença silenciosa, encontramos consolo, inspiração e um sentido renovado de objetivo - um lembrete de que somos apenas um fio na rica tapeçaria da vida.

Por isso, façamos uma pausa, nem que seja por um momento, para ouvir o chamamento silencioso das árvores - para nos maravilharmos com a sua majestade silenciosa, para honrarmos a sua resiliência duradoura e para reacendermos o laço que nos une ao mundo natural. Porque ao abraçarmos os nossos aliados arbóreos, abraçamos a própria essência da nossa humanidade e abrimos caminho para um futuro mais sustentável e harmonioso para as gerações vindouras

Os Guardiões Esquecidos

Na vasta extensão de um mundo despojado dos seus guardiões arbóreos, desenrola-se uma cena desolada - uma paisagem desprovida da tapeçaria verdejante que outrora adornava a terra. Aqui, a vida luta para se agarrar à existência, ofegando por respirar numa atmosfera pesada pela ausência de oxigénio. O solo, outrora repleto de vitalidade, jaz estéril e sem vida, incapaz de suportar a intrincada teia de vida que outrora prosperou no seu seio.

É um quadro sombrio, pintado em tons de cinzento e desespero, mas que serve para recordar o papel indispensável que as árvores desempenham na manutenção da vida no nosso planeta. Estas sentinelas silenciosas, com os seus ramos estendidos e copas frondosas, são os heróis desconhecidos dos nossos ecossistemas - os guardiões da própria vida.

Na intrincada dança da natureza, as árvores são o elemento central que mantém sob controlo o delicado equilíbrio do nosso planeta. Através do processo de fotossíntese, aproveitam o poder da luz solar para converter o dióxido de carbono em oxigénio, reabastecendo o próprio ar que respiramos com cada respiração que fazemos. Ao fazê-lo, actuam como os pulmões do nosso planeta, purificando a atmosfera e fornecendo-nos o oxigénio vital de que necessitamos para sobreviver. Mas a sua influência estende-se muito para além do domínio do ar e da atmosfera. Sob a superfície, as suas raízes penetram profundamente na terra, ancorando o solo e evitando a erosão. Absorvem o excesso de água em épocas de cheias e libertam-na em épocas de seca, ajudando a regular o fluxo de água nos nossos ecossistemas. Ao fazê-lo, estabilizam o solo, atenuam os impactos das alterações climáticas e proporcionam uma linha de vida vital para inúmeras espécies que dependem delas como alimento, abrigo e habitat. No entanto, apesar de toda a sua importância, as árvores passam muitas vezes despercebidas e não são apreciadas na azáfama da vida moderna. Damos por garantida a sombra que proporcionam num dia quente de verão, a beleza que trazem aos nossos parques e jardins e o oxigénio vital que produzem em cada respiração. Mas na ausência da sua presença silenciosa, seríamos deixados à deriva num mundo desprovido de vida - uma dura lembrança da nossa total dependência do mundo natural para a nossa sobrevivência.

A Sinfonia da Floresta

Entre no coração de uma floresta, onde a luz do sol se filtra através de um dossel de folhas, criando uma dança hipnotizante de sombras no chão da floresta. Aqui, por entre a sinfonia do farfalhar das folhas e o coro do canto dos pássaros, não se pode deixar de ficar cativado pela beleza e complexidade da obra-prima da natureza.

Ao vaguear pelos caminhos labirínticos da floresta, uma sensação de admiração invade-o, envolvendo-o num manto de tranquilidade e maravilha. Cada passo que dá é acompanhado pelo suave ranger das folhas caídas, ecoando como uma suave percussão na vasta extensão da floresta.

Acima, os ramos de árvores imponentes balançam ao sabor da brisa, as suas folhas farfalham suavemente como se sussurrassem segredos umas às outras. Cada árvore é um testemunho da passagem do tempo, a sua casca nodosa ostenta as cicatrizes de estações passadas, os seus ramos estendem-se para o céu numa homenagem silenciosa às forças da vida. Mas não são apenas as árvores em si que cativam os sentidos - é a sinfonia da vida que as rodeia. Em cima, a copa das árvores fervilha de atividade, com os pássaros a voar de ramo em ramo, os seus chamamentos melódicos misturando-se com o suave farfalhar das folhas. Na vegetação rasteira, pequenos mamíferos correm, os seus movimentos adicionam um pulso rítmico ao coro da floresta.

E depois há as próprias árvores - os verdadeiros maestros desta orquestra natural. Com cada balançar dos seus ramos e farfalhar das suas folhas, elas conduzem uma sinfonia de vida que reverbera pelo coração da floresta. As suas raízes, entrelaçadas sob a superfície, formam uma vasta rede de ligações que nutrem e sustentam todo o ecossistema, unindo-o numa dança harmoniosa da vida. Quando se está no meio dos gigantes da floresta, não se pode deixar de sentir uma sensação de humildade e reverência. Aqui, nesta catedral da natureza, não passa de um humilde observador - uma testemunha da beleza intemporal e da complexidade do mundo que o rodeia.

E, à medida que se aprecia as vistas e os sons da floresta, percebe-se que não se é apenas um espetador nesta grande sinfonia da vida - é-se parte integrante dela. A sua presença aqui, no meio do farfalhar das folhas e do melódico canto dos pássaros, acrescenta outra camada à intrincada tapeçaria da existência, tecendo a sua própria história no tecido da floresta.

A sabedoria dos antigos

Na solidão tranquila das florestas antigas, onde a sabedoria das eras sussurra através do farfalhar das folhas, encontra-se um profundo sentido de interconexão - uma perceção de que somos apenas um fio na intrincada tapeçaria da vida. Aqui, no meio de gigantes imponentes que testemunharam a passagem dos séculos, não se pode deixar de sentir uma sensação de humildade perante a majestade intemporal da natureza. Ao vaguear pelos bosques sombrios destas florestas veneráveis, somos envolvidos por uma sensação de reverência tranquila - um sentimento de que estamos a seguir as pegadas de inúmeras gerações que vieram antes. O ar está impregnado com o aroma da terra e do musgo e o chão debaixo dos seus pés é macio com as camadas acumuladas de folhas caídas e madeira em decomposição.

Acima, a copa das árvores estende-se para o céu, a sua densa folhagem filtra a luz do sol num mosaico de luz e sombra. É uma cena que parece intocada pela passagem do tempo - uma relíquia viva de uma era há muito passada, preservada em toda a sua antiga glória.

E, no entanto, no meio desta paisagem intemporal, há uma sensação de movimento - um sussurro de folhas, um ranger de ramos - que fala da dança da vida em constante mudança. Pois mesmo na quietude da floresta, há uma sensação de vitalidade - um sentimento de que somos apenas uma pequena parte de uma vasta e interligada rede de existência. Nas raízes retorcidas e na casca desgastada das árvores antigas, sente-se uma sabedoria que transcende as preocupações fugazes da humanidade. Estas sentinelas silenciosas resistiram a tempestades e secas, testemunharam a ascensão e queda de civilizações, e ainda assim permanecem firmes no seu compromisso com a ordem natural do mundo. Os seus anéis contam uma história de crescimento e resiliência - um testemunho da sua força duradoura face à adversidade. E na sua presença silenciosa, há uma lição a ser aprendida - um lembrete de que somos apenas administradores temporários desta terra, a quem foi confiada a responsabilidade de preservar a sua beleza e diversidade para as gerações vindouras.

Quando se está no meio dos gigantes imponentes da floresta antiga, não se pode deixar de sentir uma sensação de admiração e espanto perante a magnificência do mundo natural. Aqui, neste espaço sagrado, é-lhe recordada a interligação de todos os seres vivos e o profundo impacto das nossas acções no delicado equilíbrio da vida.

Por isso, reserve um momento para ouvir - o sussurro das folhas, o ranger dos ramos e a sabedoria silenciosa dos antigos. Porque nestes momentos de contemplação tranquila, encontrará uma ligação mais profunda ao mundo natural e uma apreciação renovada pela beleza e complexidade da própria vida.

O apelo à consciência

Despertar para o significado das árvores transcende a mera consciência ecológica - é um apelo profundo à consciência, acenando-nos para reconhecer a nossa ligação inerente ao mundo natural e a nossa responsabilidade como administradores da terra. É um convite para mudarmos a nossa perspetiva, para nos vermos não como separados da natureza, mas como participantes integrais na intrincada teia de vida que nos sustenta a todos.

Ao abraçarmos esta ligação, embarcamos numa viagem de auto-descoberta - uma viagem que nos leva a uma compreensão mais profunda da interdependência de todos os seres vivos. Porque, tal como as raízes de uma árvore se alimentam do solo, também nós somos alimentados pelo mundo natural que nos rodeia. Os nossos destinos estão entrelaçados, os nossos destinos estão ligados numa delicada dança da existência. Mas com este reconhecimento vem um profundo sentido de responsabilidade - a perceção de que as nossas acções têm consequências de longo alcance, não só para nós, mas para toda a teia da vida. Cada árvore que cai, cada floresta que é desmatada, envia ondas através do ecossistema interligado, perturbando o delicado equilíbrio que nos sustenta a todos.

E, no entanto, neste momento de despertar, há também esperança - um reconhecimento do poder que está dentro de cada um de nós para efetuar uma mudança positiva. Ao abraçarmos a nossa ligação ao mundo natural, abrimo-nos a um sentido mais profundo de propósito - um compromisso de viver em harmonia com a Terra e todos os seus habitantes.

Desta forma, o apelo à consciência torna-se uma luz orientadora - um farol que ilumina o caminho para um futuro mais sustentável e harmonioso. Recorda-nos a nossa humanidade partilhada, a nossa responsabilidade partilhada e o nosso destino partilhado como guardiães deste planeta a que chamamos casa.

Abraçar os nossos aliados arbóreos

No limiar de uma nova era, no meio das tumultuosas ondas de mudança que varrem o nosso mundo, surge um apelo pungente - um apelo para reavivar a nossa relação com o mundo natural e redescobrir a sabedoria dos nossos aliados arbóreos.

Durante demasiado tempo, vagueámos pelo mundo com os olhos vendados, alheios à sinfonia silenciosa da vida que nos rodeia. Pavimentámos florestas, desbravámos campos e erguemos barreiras que nos separam do mundo natural, sem nos preocuparmos com as consequências dos nossos actos.

Mas nos sussurros silenciosos do vento e no farfalhar das folhas, há uma mensagem - uma mensagem de esperança, de renovação, do vínculo duradouro que nos une à terra. É uma mensagem que nos chama, incitando-nos a despertar do nosso sono coletivo e a abraçar o poder transformador das árvores na construção de um futuro mais sustentável e harmonioso para todos os seres.

No abraço dos nossos aliados arbóreos, encontramos consolo e inspiração - uma lembrança da resiliência e da beleza do mundo natural. A sua presença silenciosa serve como um farol de esperança num mundo assolado por tumultos e incertezas, guiando-nos para um caminho de renovação e regeneração. Mas abraçar os nossos aliados arbóreos não é apenas uma questão de plantar árvores ou preservar florestas - é uma profunda mudança de consciência, um reconhecimento da nossa interligação com todos os seres vivos. É um compromisso de viver em harmonia com o mundo natural, de pisar levemente a terra e de honrar a sabedoria das gerações passadas.

CAPÍTULO 2

SEMENTES DA MUDANÇA: A URGÊNCIA DA PLANTAÇÃO DE ÁRVORES

Nas sombras cada vez mais escuras das alterações climáticas e da degradação ecológica, o apelo à ação reverbera com uma urgência sem precedentes. Em todo o mundo, as comunidades estão a testemunhar os impactos tangíveis da perturbação ambiental - desde fenómenos meteorológicos extremos e a subida do nível do mar até à perda de habitats e à diminuição da biodiversidade. Enquanto o mundo se debate com as consequências da desflorestação desenfreada, da subida das temperaturas e do declínio alarmante dos ecossistemas naturais, o imperativo da plantação de árvores surge como um farol de esperança - uma solução tangível para alguns dos desafios mais prementes que a humanidade e o planeta enfrentam.

Na vanguarda desta crise ambiental está o fenómeno da desflorestação - um ataque implacável às florestas do mundo impulsionado pela industrialização, expansão agrícola e práticas insustentáveis de utilização dos solos. Todos os anos, vastas extensões de floresta são desbravadas para dar lugar a plantações de monoculturas, pastagens para gado e desenvolvimento urbano, levando à perda irreversível de uma biodiversidade inestimável e à perturbação de delicados equilíbrios ecológicos. As consequências desta desflorestação desenfreada são terríveis, repercutindo-se muito para além das fronteiras da própria floresta. À medida que as árvores são abatidas e os habitats destruídos, ecossistemas inteiros ficam à beira do colapso, exacerbando os impactos das alterações climáticas e ameaçando os meios de subsistência de milhões de pessoas que dependem das florestas para a sua sobrevivência.

Além disso, o espetro das alterações climáticas paira no ar, ensombrando o futuro do nosso planeta. O aumento das temperaturas, o derretimento das calotas polares e os padrões meteorológicos cada vez mais erráticos são apenas alguns dos sintomas desta crise global, sublinhando a necessidade urgente de ação. As árvores, com a sua capacidade inigualável de sequestrar dióxido de carbono e mitigar os efeitos das emissões de gases com efeito de estufa, oferecem uma solução potente para a ameaça existencial colocada pelas alterações climáticas. Ao plantar árvores em grande escala, podemos não só compensar as emissões de carbono, mas também recuperar paisagens degradadas, aumentar a biodiversidade e salvaguardar a saúde e o bem-estar das gerações futuras. Além disso, a crise da biodiversidade em declínio apresenta mais uma razão convincente para dar prioridade aos esforços de plantação de árvores. À medida que as espécies desaparecem a um ritmo alarmante devido à destruição do habitat e a outras pressões antropogénicas, a perda de biodiversidade ameaça desfazer a intrincada teia de vida que sustenta os ecossistemas e está na base da prosperidade humana. As árvores, enquanto pedra angular da biodiversidade terrestre, proporcionam habitat, alimento e abrigo a inúmeras espécies de plantas e animais, o que as torna aliadas indispensáveis na luta pela preservação da diversidade biológica e na salvaguarda da resiliência dos ecossistemas face às crescentes pressões ambientais.

Neste contexto, a plantação de árvores surge como uma ferramenta poderosa para enfrentar os desafios multifacetados das alterações climáticas, da desflorestação e da perda de biodiversidade. Ao aproveitar o potencial transformador das árvores, podemos não só mitigar os impactos da degradação ambiental, mas também promover uma relação mais sustentável e harmoniosa com o mundo natural. À medida que a urgência do momento se torna cada vez mais evidente, o imperativo da plantação de árvores surge como um farol de esperança - uma solução tangível para alguns dos desafios mais prementes que a humanidade e o planeta enfrentam

A crise silenciosa

O mundo está enredado numa crise silenciosa - uma crise que se desenrola sem alarde ou clamor, mas que ameaça a própria base da vida na Terra. Esta crise é a marcha implacável da desflorestação e da perda de habitat, uma força insidiosa que corta o coração dos ecossistemas mais preciosos do nosso planeta. A cada ano que passa, assiste-se à eliminação inexorável de vastas áreas de floresta, sacrificadas no altar da agricultura, da urbanização e da expansão industrial.

Esta desflorestação desenfreada tem um pesado custo para o delicado equilíbrio da vida na Terra. Com cada árvore abatida e habitat destruído, assistimos ao desenrolar da intrincada teia de vida que sustenta os ecossistemas e está na base da prosperidade humana. As consequências são múltiplas e profundas, estendendo-se muito para além dos limites da própria floresta. Em primeiro lugar e acima de tudo, a desflorestação resulta na perda irrecuperável da biodiversidade - a rica rede de vida que torna o nosso planeta tão único e vibrante. À medida que as florestas são desmatadas, inúmeras espécies de plantas, animais e microorganismos perdem os seus habitats, levando-os à beira da extinção. Esta perda de biodiversidade ameaça desestabilizar ecossistemas inteiros, diminuindo a sua resistência face às pressões ambientais e aumentando o risco de um colapso catastrófico.

Além disso, os impactos da desflorestação repercutem-se em todo o mundo, com consequências de grande alcance para a saúde humana e ambiental. A libertação de carbono para a atmosfera a partir de áreas desflorestadas agrava as alterações climáticas, contribuindo para o aumento das temperaturas, o derretimento das calotas polares e padrões meteorológicos cada vez mais erráticos. As florestas, com a sua capacidade sem paralelo de sequestrar dióxido de carbono através da fotossíntese, funcionam como sumidouros de carbono vitais, ajudando a regular o clima da Terra e a atenuar os impactos das emissões de gases com efeito de estufa. Assim, a perda de florestas não só acelera as alterações climáticas como também diminui a nossa capacidade de combater os seus efeitos.

Além disso, a desflorestação perturba os serviços ecossistémicos vitais dos quais os seres humanos e a vida selvagem dependem para a sua sobrevivência. As árvores desempenham um papel crucial na regulação do ciclo hidrológico, absorvendo a precipitação e reduzindo o risco de inundações e secas. Também estabilizam o solo, evitando a erosão e mantendo a fertilidade, e actuam como filtros naturais, purificando o ar e a água. A perda destes serviços ecossistémicos não só ameaça os meios de subsistência de milhões de pessoas que dependem das florestas para a sua alimentação, água e abrigo, como também compromete a resiliência dos ecossistemas para resistir a choques e pressões ambientais.

Face a esta crise silenciosa, o imperativo de ação é claro. Temos de abordar urgentemente as causas profundas da desflorestação e da perda de habitat, trabalhando em colaboração para proteger e restaurar as florestas do mundo. Através de esforços concertados para promover práticas sustentáveis de utilização dos solos, conservar a biodiversidade e apoiar as comunidades locais, podemos forjar um caminho para um futuro mais resiliente e sustentável para todos os seres. Porque o destino do nosso planeta e o bem-estar das gerações futuras estão em jogo, dependendo da nossa determinação colectiva para enfrentar esta crise silenciosa.

O poder da plantação

No meio da terrível paisagem de degradação ambiental e declínio ecológico, o poder da plantação de árvores emerge como uma força potente para a mudança. Com cada muda plantada e cada floresta restaurada, embarcamos numa viagem de regeneração - uma viagem que tem a promessa de curar o nosso planeta ferido e garantir um futuro mais sustentável para as gerações vindouras.

No centro deste potencial transformador está a notável capacidade das árvores para mitigar os impactos da desflorestação e das alterações climáticas. Através do processo de fotossíntese, as árvores actuam como sumidouros naturais de carbono, absorvendo o dióxido de carbono da atmosfera e armazenando-o na sua biomassa. Ao fazê-lo, ajudam a compensar as emissões de gases com efeito de estufa que provocam o aquecimento global, desempenhando um papel crucial na luta contra as alterações climáticas.

Mas os benefícios da plantação de árvores vão muito além do simples sequestro de carbono. As árvores também servem como guardiãs do solo, prevenindo a erosão e melhorando a fertilidade do solo através dos seus sistemas radiculares. Ao ancorar o solo e absorver o excesso de água, ajudam a evitar a perda de solo superficial valioso e a mitigar o risco de inundações e deslizamentos de terras. Desta forma, as árvores desempenham um papel vital na proteção da saúde e da produtividade das terras agrícolas e dos ecossistemas naturais.

Além disso, as árvores proporcionam habitat para uma vasta gama de espécies vegetais e animais, contribuindo para a preservação da biodiversidade e a proteção de ecossistemas frágeis. Desde as imponentes florestas tropicais até aos espaços verdes urbanos, as árvores oferecem refúgio e sustento a inúmeros organismos, promovendo a resiliência e a diversidade face às pressões ambientais.

Além disso, os benefícios da plantação de árvores estendem-se aos domínios do desenvolvimento social e económico. As árvores proporcionam sombra e arrefecimento em ambientes urbanos, reduzindo a necessidade de ar condicionado, que consome muita energia, e atenuando o efeito de ilha de calor urbana. Também apoiam os meios de subsistência e aumentam a segurança alimentar, fornecendo recursos valiosos como madeira, frutos, nozes e plantas medicinais a comunidades de todo o mundo.

Face aos crescentes desafios ambientais, a urgência da plantação de árvores não pode ser exagerada. É um apelo à ação - um grito de guerra para que indivíduos, comunidades e governos se juntem num esforço partilhado para proteger e restaurar o mundo natural. Mas a plantação de árvores não se trata apenas de plantar árvores - trata-se de reimaginar a nossa relação com o ambiente e adotar uma forma de vida mais sustentável. Trata-se de reconhecer a interligação de todos os seres vivos e de assumir a responsabilidade pelo impacto das nossas acções no planeta.

Através de narrativas convincentes e conhecimentos científicos, este capítulo explora a necessidade crítica de plantar árvores como pedra angular da gestão ambiental e do desenvolvimento sustentável. Apela aos leitores para que tenham em conta a urgência do momento, se juntem ao movimento global de plantação de árvores e lancem as sementes da mudança para um futuro mais brilhante e resiliente para as gerações vindouras.

CAPÍTULO 3

CUIDAR DA NATUREZA: A ARTE DA PLANTAÇÃO DE ÁRVORES

Plantar uma árvore transcende o mero ato físico de colocar uma plântula no solo - é um gesto profundamente simbólico e profundo que revela a nossa reverência pelo mundo natural. É um ato imbuído de significado, que representa o nosso compromisso de nutrir e preservar a saúde e a vitalidade dos ecossistemas que sustentam a vida na Terra. Tal como uma pincelada numa tela ou uma nota numa sinfonia, cada árvore plantada é um testemunho da nossa interligação com a terra e da nossa responsabilidade como administradores da sua generosidade.

Na sua essência, a plantação de árvores é uma forma de arte - uma dança delicada entre as mãos humanas e as forças da natureza. Requer cuidado, conhecimento e dedicação para assegurar o estabelecimento bem sucedido de nova vida e a criação de ecossistemas prósperos. Tal como um mestre artesão que esculpe uma obra de arte, o plantador de árvores deve possuir um conhecimento profundo do terreno, da sua ecologia e das necessidades das espécies a plantar. Deve selecionar cuidadosamente a árvore certa para o local certo, tendo em conta factores como o tipo de solo, o clima e a exposição à luz solar para garantir a saúde e a vitalidade da árvore a longo prazo.

Mas a plantação de árvores não é apenas um esforço técnico - é também uma experiência profundamente espiritual e emocional. É uma comunhão com a terra, um momento de ligação com o mundo natural que enche o plantador de um sentimento de admiração e espanto. À medida que cavam o buraco, colocam a árvore na terra e dão suaves pancadinhas no solo à volta das raízes, tornam-se parte de um ritual intemporal - um ritual que foi realizado por inúmeras gerações antes deles e que continuará muito depois de terem partido.

Neste capítulo, embarcamos numa viagem ao intrincado processo de plantação de árvores, explorando as etapas envolvidas para trazer nova vida à terra e promover uma ligação mais profunda com a terra. Desde a seleção cuidadosa das espécies e a preparação do solo até à plantação e cuidados contínuos com a árvore, cada passo é um testemunho do nosso empenho em cuidar da natureza e criar um futuro mais sustentável para todos os seres.

Através dos nossos esforços colectivos, podemos transformar paisagens áridas em ecossistemas prósperos, uma árvore de cada vez. Podemos curar as cicatrizes da desflorestação, mitigar os impactos das alterações climáticas e restaurar o equilíbrio do mundo natural. Mas talvez o mais importante seja o facto de podermos redescobrir o nosso lugar na intrincada tapeçaria da vida - um lugar de humildade, reverência e profunda interligação com todos os seres vivos.

Escolher a espécie certa

A escolha da espécie correcta de árvore não é apenas uma questão de preferência - é um passo crucial para garantir o sucesso e a longevidade do empreendimento de plantação de árvores. Cada espécie tem os seus próprios requisitos e preferências no que diz respeito ao tipo de solo, condições climáticas e exposição à luz solar, o que torna a seleção cuidadosa fundamental para a saúde e vitalidade das árvores recém-plantadas.

Na arte da plantação de árvores, a primeira consideração é o ecossistema no qual a árvore será plantada. Quer se trate de uma floresta luxuriante, de um parque urbano em expansão ou de uma duna costeira varrida pelo vento, o ambiente local ditará quais as espécies mais adequadas para prosperar nesse cenário específico. O tipo de solo, os níveis de pH, os níveis de humidade e as flutuações de temperatura desempenham um papel importante na determinação das árvores que irão florescer e das que terão dificuldades em sobreviver.

As espécies nativas são frequentemente a escolha preferida para projectos de plantação de árvores, uma vez que evoluíram ao longo do tempo para se adaptarem às condições específicas dos seus habitats nativos. Estas espécies estão bem adaptadas ao clima e às condições do solo locais e têm mais probabilidades de estabelecer populações saudáveis a longo prazo. Além disso, as árvores autóctones proporcionam um habitat importante e fontes de alimento para a vida selvagem local, apoiando a biodiversidade e a resiliência dos ecossistemas.

Preparar o solo

Uma vez selecionada a espécie certa, o passo seguinte é a preparação do solo para a plantação. Isto envolve uma série de passos cuidadosos para garantir que o solo é adequado para suportar o crescimento das árvores jovens. Os detritos como pedras, ramos e outras obstruções devem ser removidos para criar um local de plantação limpo. As espécies invasoras que possam competir com as árvores recém-plantadas ou prejudicá-las também devem ser removidas para evitar que elas superem as espécies desejadas.

Para além de limpar os detritos e as espécies invasoras, o solo pode precisar de ser corrigido para melhorar a sua estrutura e fertilidade. O solo compactado deve ser solto para permitir uma melhor drenagem e arejamento, enquanto a matéria orgânica, como o composto ou a cobertura morta, pode ser adicionada para enriquecer o solo e fornecer nutrientes essenciais para o crescimento das árvores jovens. Estas alterações não só melhoram as condições de crescimento imediato das árvores recém-plantadas, como também contribuem para a saúde e vitalidade a longo prazo do ecossistema como um todo.

Essencialmente, a escolha da espécie correcta e a preparação do solo são os passos fundamentais na arte da plantação de árvores. Ao considerar cuidadosamente as necessidades do ambiente local e ao tomar as medidas necessárias para criar condições de crescimento óptimas, podemos garantir o sucesso dos nossos esforços de plantação de árvores e contribuir para a restauração e conservação dos nossos preciosos recursos naturais.

Plantar a árvore

Com o solo preparado, é o momento de plantar a árvore. É preciso ter cuidado para que o buraco seja cavado com a profundidade e a largura adequadas, permitindo um espaço suficiente para que as raízes da árvore se espalhem e se estabeleçam. A árvore deve ser colocada suavemente no buraco, certificando-se de que o torrão está nivelado com o solo circundante. O enchimento do buraco e a compactação suave do solo ajudarão a fixar a árvore no lugar e a eliminar as bolsas de ar à volta das raízes. A plantação da árvore marca um momento crucial no processo de plantação de árvores - um momento de transformação e de novos começos. Com o solo cuidadosamente preparado e a espécie escolhida selecionada, é altura de levar a muda para a sua nova casa na terra. Este passo requer precisão, paciência e uma profunda reverência pela vida que está prestes a criar raízes.

A primeira consideração ao plantar a árvore é o tamanho e a profundidade do buraco. O buraco deve ser cavado com as dimensões apropriadas, assegurando que é suficientemente profundo e largo para acomodar o torrão da árvore e permitir um amplo espaço para as raízes se espalharem e se estabelecerem. A profundidade do buraco é especialmente crítica, pois determina a segurança com que a árvore será ancorada no solo e a eficácia com que as suas raízes poderão aceder aos nutrientes e à água.

Uma vez escavado o buraco com a profundidade e a largura adequadas, o passo seguinte é baixar cuidadosamente a árvore para o seu lugar. A árvore deve ser colocada suavemente no buraco, tendo o cuidado de a posicionar de modo a que o torrão fique nivelado com o solo circundante. Isto garante que a árvore será plantada à profundidade correcta e reduz o risco de as raízes ficarem expostas ou danificadas.

Com a árvore em posição, o passo seguinte consiste em encher o buraco com terra. Isto deve ser feito gradualmente e com cuidado, assegurando que o solo é distribuído uniformemente à volta das raízes e que não há bolsas de ar. A compactação suave do solo à medida que este é adicionado ajuda a fixar a árvore no lugar e a eliminar quaisquer bolsas de ar remanescentes, assegurando um bom contacto solo/raiz e promovendo um desenvolvimento saudável das raízes.

Finalmente, uma vez que o buraco tenha sido preenchido e a árvore firmemente plantada, é importante regar bem a árvore para ajudar a assentar o solo e fornecer às raízes recém-plantadas a humidade de que necessitam para se estabelecerem. A cobertura vegetal à volta da base da árvore também pode ajudar a conservar a humidade, a suprimir as ervas daninhas e a regular a temperatura do solo, criando condições de crescimento ideais para a jovem árvore. Essencialmente, plantar a árvore é um momento de profundo significado - um momento em que as mãos humanas e as forças da natureza se juntam para dar nova vida à terra. Com cuidado e dedicação, podemos assegurar que cada árvore tem o melhor começo de vida possível e que crescerá forte e saudável, proporcionando beleza, sombra e sustento para as gerações vindouras.

Cuidados e manutenção

Os cuidados e a manutenção de uma árvore recentemente plantada são essenciais para garantir a sua saúde e vitalidade a longo prazo. Após o processo de plantação inicial, é necessária uma atenção e cuidados contínuos para apoiar a árvore à medida que esta se estabelece no seu novo ambiente. Este capítulo explora os principais aspectos dos cuidados e da manutenção de árvores recém-plantadas, desde a rega e a cobertura morta até à poda e à fertilização.

1. **Rega:** Um dos aspectos mais críticos dos cuidados a ter com uma árvore recém-plantada é garantir que esta recebe um fornecimento adequado de água. Durante os primeiros anos após a plantação, o sistema radicular da árvore ainda está a desenvolver-se e pode não conseguir aceder eficazmente à água do solo circundante. Por conseguinte, a rega regular é essencial, especialmente durante

os períodos de seca ou de estiagem. A rega profunda e pouco frequente é geralmente preferível à rega superficial e frequente, uma vez que incentiva as raízes da árvore a crescerem mais profundamente no solo em busca de humidade. No entanto, é importante evitar a rega excessiva, pois isso pode levar a um solo encharcado e ao apodrecimento das raízes. Monitorizar os níveis de humidade do solo e ajustar a frequência da rega em conformidade é fundamental para garantir a saúde e a vitalidade da árvore.

2.Cobertura vegetal: A cobertura vegetal é outro aspeto importante do cuidado das árvores, pois ajuda a conservar a humidade, a suprimir as ervas daninhas e a regular a temperatura do solo. Uma camada de cobertura vegetal orgânica à volta da base da árvore pode ajudar a reter a humidade no solo, reduzindo a necessidade de rega frequente e criando um ambiente mais estável para as raízes da árvore. Além disso, a cobertura vegetal ajuda a evitar o crescimento de ervas daninhas, que podem competir com a árvore por água e nutrientes. No entanto, é importante evitar colocar o mulch diretamente contra o tronco da árvore, pois isso pode criar condições propícias a pragas e doenças. Em vez disso, deixe um espaço entre a cobertura vegetal e o tronco para permitir a circulação do ar e evitar a acumulação de humidade.

3. Poda: A poda é uma parte necessária da manutenção das árvores, uma vez que ajuda a remover ramos mortos ou danificados, melhora a circulação do ar e molda o crescimento da árvore. Os ramos mortos ou doentes devem ser removidos imediatamente para evitar a propagação de infecções e reduzir o risco de caírem e causarem ferimentos ou danos. Para além disso, a poda pode ajudar a modelar o crescimento da árvore e incentivar uma estrutura forte e saudável. No entanto, é importante podar as árvores de forma judiciosa e evitar a poda excessiva, uma vez que esta pode enfraquecer a árvore e torná-la mais suscetível a pragas e doenças. A consulta de um arborista certificado ou de um profissional de cuidados com árvores pode ajudar a garantir que a poda é feita corretamente e de acordo com as necessidades específicas da árvore.

4.Fertilização: A fertilização pode fornecer nutrientes adicionais para apoiar o desenvolvimento e crescimento saudáveis da árvore. No entanto, é importante ter cuidado ao aplicar fertilizantes, pois o excesso de fertilização pode levar a desequilíbrios de nutrientes e outros problemas. Antes de fertilizar, é aconselhável efetuar um teste ao solo para determinar as necessidades de nutrientes da árvore e adaptar a aplicação de fertilizantes em conformidade. Além disso, os fertilizantes orgânicos são geralmente preferidos aos sintéticos, uma vez que libertam os nutrientes lentamente ao longo do tempo e são menos susceptíveis de causar danos ao ambiente. A aplicação de fertilizantes na primavera ou no outono, quando a árvore está a crescer ativamente, pode ajudar a garantir que esta recebe os nutrientes de que necessita para prosperar.

Promover o envolvimento da comunidade

O significado da plantação de árvores vai muito para além do simples ato de plantar árvores - é um esforço comunitário que tem o poder de unir e capacitar comunidades inteiras. Envolver os residentes locais em projectos de plantação de árvores não só reforça a nossa ligação ao mundo natural, como também cria coesão social e resiliência face aos desafios ambientais. Este capítulo explora a importância do envolvimento da comunidade em iniciativas de ecologização e o impacto transformador que pode ter tanto nos indivíduos como na sociedade em geral.

1. Propriedade e orgulho: Ao envolver os residentes locais em projectos de plantação de árvores, fomentamos um sentido de propriedade e de orgulho no ambiente natural. Quando os indivíduos desempenham um papel ativo na plantação e tratamento de árvores nas suas próprias comunidades, desenvolvem uma ligação pessoal à terra e um sentido de responsabilidade pelo seu bem-estar. Este sentido de propriedade incute uma maior apreciação da beleza e do valor dos ecossistemas locais e incentiva os indivíduos a assumirem um papel ativo na sua conservação e preservação.

2. Coesão social: Os projectos de plantação de árvores têm o poder de unir as pessoas, independentemente da idade, origem ou estatuto social. Ao trabalharem lado a lado para plantar árvores, os membros da comunidade criam laços de amizade e solidariedade, quebrando barreiras e promovendo um sentimento de pertença e unidade. Estas experiências partilhadas criam oportunidades de interação e colaboração significativas, reforçando os laços sociais e criando um sentido de resiliência comunitária face aos desafios ambientais.

3. Educação ambiental: O envolvimento dos residentes locais em projectos de plantação de árvores proporciona oportunidades valiosas de educação e sensibilização ambiental. Através da participação prática na plantação e tratamento de árvores, os indivíduos aprendem sobre a importância das árvores na mitigação das alterações climáticas, no apoio à biodiversidade e na melhoria dos serviços ecossistémicos. Adquirem também conhecimentos práticos e competências que podem aplicar a outras iniciativas de gestão ambiental, capacitando-os para tomar medidas de proteção e preservação do mundo natural.

4. Capacitação e defesa: Ao envolver os residentes locais em projectos de plantação de árvores, capacitamo-los para se tornarem defensores da conservação ambiental e da sustentabilidade. À medida que as pessoas testemunham em primeira mão o impacto positivo da plantação de árvores nas suas comunidades e no ambiente, são inspiradas a tomar novas medidas para resolver questões ambientais prementes. Quer através da defesa de políticas que apoiem a plantação de árvores e os esforços de conservação, quer através da organização de iniciativas de ecologização lideradas pela comunidade, os indivíduos tornam-se catalisadores de mudanças positivas e defensores de um futuro mais sustentável.

Em conclusão: A plantação de árvores é um empreendimento multifacetado que requer não só um planeamento cuidadoso e atenção aos detalhes, mas também o envolvimento e a participação ativa das comunidades locais. Ao promover o envolvimento da comunidade em iniciativas de ecologização, não só cultivamos uma ligação mais profunda com a terra, como também criamos coesão social, resiliência e gestão ambiental. Através dos nossos esforços colectivos, podemos cultivar a natureza e criar um mundo mais verde e vibrante para as gerações vindouras, assegurando um legado de sustentabilidade e resiliência para as gerações futuras.

CAPÍTULO 4

CRESCER JUNTOS: O IMPACTO SOCIAL DA PLANTAÇÃO DE ÁRVORES

Na intrincada tapeçaria da conservação ambiental, as árvores surgem não apenas como observadores passivos, mas como agentes dinâmicos de mudança, capazes de catalisar mudanças profundas na sociedade. São mais do que meros elementos de fixação na paisagem; são a encarnação viva da resiliência, entrelaçando os fios da comunidade e da fortaleza. Para além do seu significado ecológico, as árvores exercem um poder notável para unir comunidades, elevar vozes marginalizadas e inspirar um compromisso partilhado de gestão ambiental. Neste capítulo, embarcamos numa viagem ao profundo impacto social da plantação de árvores, revelando histórias de esperança e capacitação que sublinham o potencial transformador da plantação de árvores em conjunto.

No cerne da questão está o reconhecimento de que as árvores não são entidades solitárias, mas sim membros integrantes de ecossistemas interligados. A sua presença estende-se muito para além dos domínios da fotossíntese e do sequestro de carbono, atingindo o próprio tecido da sociedade humana. Através das suas formas imponentes e dos seus ramos estendidos, as árvores convidam as comunidades a reunirem-se, a colaborarem e a perspectivarem um futuro de prosperidade partilhada. Servem como símbolos de unidade e resiliência, lembrando-nos da nossa força colectiva face à adversidade.

Ao explorar o impacto social da plantação de árvores, deparamo-nos com uma miríade de anedotas animadoras e iniciativas de base que ilustram o poder transformador da ação colectiva. Desde projectos de reflorestação liderados pela comunidade no coração de paisagens desflorestadas a iniciativas de ecologização urbana que dão nova vida a bairros negligenciados, estas histórias falam da capacidade inerente das árvores para promoverem mudanças positivas.

Demonstram como plantar árvores em conjunto pode transcender barreiras de raça, classe e credo, unindo pessoas de diversas origens num objetivo comum. Uma dessas iniciativas é o programa "Trees for Tomorrow" (Árvores para o Amanhã), que capacita as comunidades marginalizadas em áreas urbanas a apropriarem-se do seu ambiente através de esforços de plantação e manutenção de árvores. Através deste programa, os residentes recebem as ferramentas, os recursos e a formação necessários para transformar terrenos baldios e ruas áridas em espaços verdes vibrantes. Esta iniciativa não só embeleza o bairro e melhora a qualidade do ar, como também incute um sentido de orgulho e de iniciativa entre os residentes, capacitando-os para se tornarem administradores das suas próprias comunidades. Do mesmo modo, nas regiões rurais devastadas pela desflorestação e pela degradação dos solos, as organizações de base estão a liderar a recuperação de paisagens degradadas através de iniciativas de plantação de árvores. Estes esforços não só atenuam os impactos das alterações climáticas e da perda de biodiversidade, como também proporcionam oportunidades de subsistência muito necessárias às populações marginalizadas. Ao envolver as comunidades locais em projectos de plantação de árvores, estas organizações promovem um sentido de propriedade e de agência, capacitando os indivíduos para recuperarem as suas terras e revitalizarem os seus ecossistemas.

1. **Reforçar os laços sociais:** A plantação de árvores serve como um poderoso catalisador para o reforço dos laços sociais, entrelaçando o tecido diversificado da humanidade num esforço partilhado para cuidar do ambiente. Em todo o mundo, desde centros urbanos movimentados a aldeias rurais remotas, os eventos de plantação de árvores servem como centros vibrantes de envolvimento e colaboração da comunidade.

Os eventos organizados de plantação comunitária oferecem uma plataforma para indivíduos de todas as origens se juntarem num espírito de camaradagem e objetivo partilhado. Quer se trate de uma associação de bairro, de um grupo escolar ou de uma equipa empresarial, pessoas de todas as idades, etnias e estatutos socioeconómicos convergem para plantar árvores lado a lado. Nestes momentos, as diferenças dissolvem-se e surge um sentido de unidade à medida que os participantes trabalham lado a lado para um objetivo comum. Os estranhos tornam-se amigos e os conhecidos tornam-se aliados, criando ligações duradouras que se estendem muito para além dos limites do local de plantação.

As iniciativas de base amplificam ainda mais o impacto da plantação de árvores, mobilizando as comunidades locais para se apropriarem do seu ambiente. Desde projectos de plantação de árvores em pequena escala no bairro até esforços de reflorestação em grande escala, estas iniciativas permitem que os indivíduos se tornem agentes activos de mudança nas suas comunidades. Ao envolver os residentes em todas as etapas do processo, desde a seleção das espécies de árvores até aos cuidados a ter com as mudas recém-plantadas, estes projectos fomentam um sentimento de orgulho e de propriedade que transcende as barreiras socioeconómicas. Estas experiências partilhadas de plantação de árvores criam um sentimento de pertença e de ligação que é vital para a construção de comunidades fortes e resistentes. À medida que os participantes trabalham em conjunto para cavar buracos, colocar mudas e regar as árvores recém-plantadas, formam laços de amizade e solidariedade que ultrapassam divisões e unem corações. As conversas fluem livremente, o riso enche o ar e um sentido de objetivo coletivo permeia a atmosfera, criando memórias que serão apreciadas durante anos.

Além disso, os benefícios da plantação de árvores vão para além das interacções sociais imediatas, promovendo um sentido de interligação com a comunidade em geral e com o mundo natural. À medida que as árvores crescem e florescem, tornam-se símbolos de esperança e renovação, lembrando o esforço coletivo que foi feito para a sua plantação. Servem como marcadores tangíveis do orgulho e da resiliência da comunidade, ancorando os bairros num compromisso partilhado de gestão ambiental e sustentabilidade.

Essencialmente, a plantação de árvores serve como um poderoso veículo para construir a coesão social e reforçar os laços que unem as comunidades. Ao reunir as pessoas numa causa comum, promove um sentimento de pertença e de ligação que transcende as barreiras da idade, etnia e estatuto socioeconómico. Através de experiências partilhadas de plantação e cultivo de árvores, as comunidades criam laços de amizade e solidariedade que enriquecem vidas e criam mudanças positivas duradouras.

2.Capacitação de populações marginalizadas: A plantação de árvores surge como uma força transformadora na capacitação das populações marginalizadas, oferecendo um caminho para a inclusão social e a gestão ambiental. Em comunidades de todo o mundo, os projectos de plantação de árvores servem como plataformas de capacitação, proporcionando aos indivíduos marginalizados oportunidades de envolvimento e participação significativos nos esforços de conservação.

Para muitas populações marginalizadas, os projectos de plantação de árvores representam mais do que uma mera oportunidade de plantar árvores - representam uma oportunidade de recuperar o poder e a dignidade numa sociedade que frequentemente marginaliza as suas vozes. Ao oferecer formação, emprego e oportunidades de liderança, estes projectos capacitam os indivíduos a tornarem-se participantes activos no desenvolvimento das suas comunidades. Através do envolvimento prático em todas as fases do processo de plantação, desde a seleção das mudas até ao cuidado e manutenção das árvores, os participantes adquirem competências e conhecimentos valiosos que se estendem muito para além dos limites do próprio projeto.

Nas comunidades marginalizadas, onde as oportunidades de emprego podem ser escassas, os projectos de plantação de árvores oferecem uma fonte de rendimento e de capacitação económica. Ao proporcionar oportunidades de emprego remunerado para a plantação e manutenção de árvores, estes projectos não só melhoram os meios de subsistência, como também contribuem para a redução da pobreza e o desenvolvimento económico. Além disso, ao dar prioridade à contratação de residentes locais, estes projectos asseguram que os benefícios da plantação de árvores são partilhados equitativamente na comunidade, reforçando ainda mais a coesão social e a solidariedade.

Além disso, os projectos de plantação de árvores servem de catalisadores para desenvolver a autoconfiança e as capacidades de liderança entre os indivíduos marginalizados. Ao confiar aos participantes responsabilidades como a plantação de árvores, a rega e a monitorização, estes projectos permitem que os indivíduos se apropriem do futuro ambiental das suas comunidades. Ao verem o impacto tangível dos seus esforços na paisagem, os participantes ganham um sentimento de orgulho e realização, alimentando a sua motivação para se tornarem agentes de mudança positiva nas suas comunidades.

Para além dos benefícios imediatos do emprego e do desenvolvimento de competências, os projectos de plantação de árvores também têm o poder de promover um sentimento de pertença e identidade entre as populações marginalizadas. Ao ligar os indivíduos ao mundo natural e ao seu ambiente local, estes projectos incutem um sentimento de orgulho na propriedade e gestão da comunidade. Os participantes desenvolvem uma apreciação mais profunda do valor das árvores e dos serviços ecossistémicos que prestam, o que leva a um maior sentido de consciência e responsabilidade ambiental.

3.Cultivar a gestão ambiental: A plantação de árvores surge como uma força transformadora no cultivo da gestão ambiental, despertando um sentido de responsabilidade colectiva e promovendo uma ligação profunda com o mundo natural. Através da participação prática em projectos de plantação de árvores, os indivíduos embarcam numa viagem de descoberta, testemunhando em primeira mão o poder transformador das suas acções no ecossistema local. À medida que os participantes cavam buracos, colocam mudas e regam as árvores recém-plantadas, desenvolvem uma profunda apreciação pela intrincada rede de vida que os rodeia. Testemunham o impacto tangível dos seus esforços, à medida que as paisagens áridas se transformam em ecossistemas prósperos e cheios de vida. Com cada árvore plantada, um sentimento de poder e de agência cria raízes, alimentando o desejo de proteger e preservar o ambiente para as gerações futuras.

A plantação de árvores serve como um poderoso catalisador para a sensibilização e educação ambiental, inspirando os indivíduos a tornarem-se defensores da sustentabilidade e campeões do planeta. Através do seu envolvimento na plantação e tratamento de árvores, os participantes adquirem uma compreensão em primeira mão do papel vital que as árvores desempenham na mitigação das alterações climáticas, no apoio à biodiversidade e na melhoria dos serviços do ecossistema. Passam a apreciar a interconexão de todos os seres vivos e o profundo impacto das suas acções na saúde e vitalidade do planeta.

Além disso, os projectos de plantação de árvores criam oportunidades para os indivíduos reflectirem sobre a sua própria pegada ambiental e explorarem formas de reduzir o seu impacto no planeta. À medida que os participantes se envolvem em discussões sobre práticas de vida sustentáveis e comportamentos amigos do ambiente, tornam-se mais conscientes dos seus padrões de consumo e mais motivados para adotar hábitos ambientalmente responsáveis. Esta nova consciência estende-se para além dos limites do local de plantação, influenciando as suas vidas quotidianas e inspirando outros a seguir o exemplo.

A plantação de árvores também promove um sentido de responsabilidade colectiva em relação ao ambiente, unindo os indivíduos num compromisso partilhado de gestão ambiental. À medida que os participantes trabalham em conjunto para plantar e cuidar das árvores, criam laços de amizade e solidariedade que transcendem as diferenças e os unem numa causa comum. Estas experiências partilhadas criam um sentimento de pertença e de ligação que reforça a sua determinação em proteger e preservar o ambiente para as gerações futuras.

4. Construir Comunidades Resilientes: As árvores surgem como aliados indispensáveis na busca da construção de comunidades resilientes, oferecendo recursos inestimáveis e serviços ecossistémicos que reforçam a sua capacidade de adaptação e prosperidade num mundo em rápida mudança. Perante os desafios e incertezas ambientais, as árvores são guardiãs inabaláveis, constituindo um farol de esperança e resiliência para as comunidades de todo o mundo.

Um dos benefícios mais tangíveis das árvores na construção de comunidades resilientes é a sua capacidade de atenuar os impactos das alterações climáticas. À medida que as temperaturas sobem e os fenómenos meteorológicos extremos se tornam mais frequentes e graves, as árvores funcionam como amortecedores naturais, ajudando a regular os microclimas locais e a reduzir o efeito de ilha de calor urbana. Através do processo de evapotranspiração, as árvores arrefecem o ar circundante, proporcionando o alívio tão necessário durante as ondas de calor e reduzindo a procura de energia para arrefecimento nas zonas urbanas.

Além disso, as árvores desempenham um papel crucial na atenuação dos impactos das catástrofes naturais, como inundações, furacões e deslizamentos de terras. Os seus extensos sistemas radiculares estabilizam o solo, reduzindo o risco de erosão e de ocorrência de deslizamentos de terras. Em áreas propensas a inundações, as árvores ajudam a absorver o excesso de água, reduzindo o risco de inundações e minimizando os danos materiais. Além disso, a copa das árvores actua como uma barreira natural, interceptando a precipitação e reduzindo a velocidade do escoamento, atenuando assim o risco de inundações repentinas e de erosão das margens dos cursos de água. Além disso, as árvores contribuem para a resiliência das comunidades, fornecendo serviços ecossistémicos valiosos que apoiam a saúde e o bem-estar humanos. Desde a melhoria da qualidade do ar e a redução da poluição atmosférica até à melhoria da saúde mental e à promoção da atividade física, as árvores oferecem uma miríade de benefícios que contribuem para a resiliência global das comunidades.

O acesso a espaços verdes e a ruas arborizadas tem sido associado a taxas de criminalidade mais baixas, a valores imobiliários mais elevados e a uma melhor qualidade de vida para os residentes.

Em ambientes urbanos, as árvores também desempenham um papel vital no reforço da coesão social e da resiliência da comunidade. Servem de locais de encontro para os residentes, proporcionando sombra e abrigo para actividades ao ar livre e reuniões sociais. Ao criar espaços públicos convidativos e inclusivos, as árvores ajudam a reforçar os laços sociais e a promover um sentimento de pertença entre os membros da comunidade. Além disso, está provado que a presença de árvores nos bairros urbanos reduz o stress, melhora a saúde mental e aumenta o bem-estar geral da comunidade.

5. Anedotas inspiradoras e iniciativas de base: Ao longo da história, a plantação de árvores tem servido de pano de fundo para inúmeras histórias inspiradoras e iniciativas de base que demonstram o profundo impacto da plantação de árvores em conjunto. Estas anedotas mostram o poder transformador dos esforços liderados pela comunidade para restaurar e proteger o ambiente, desde projectos de reflorestação em áreas desflorestadas a iniciativas de ecologização urbana que dão nova vida aos bairros. Nas regiões rurais devastadas pela desflorestação, as organizações de base e as comunidades locais estão a tomar medidas para recuperar paisagens degradadas e revitalizar os ecossistemas. Uma dessas iniciativas é o projeto "Greening the Desert", em que os agricultores de regiões áridas estão a recuperar terras áridas através da agro-silvicultura e da plantação de árvores. Ao introduzir espécies de árvores resistentes à seca e ao implementar técnicas de recolha de água, estes agricultores estão a restaurar a fertilidade do solo, a aumentar a biodiversidade e a melhorar os meios de subsistência locais.

Nas zonas urbanas, os esforços liderados pela comunidade para tornar os bairros mais verdes estão a transformar selvas de betão em espaços verdes vibrantes que beneficiam tanto as pessoas como o planeta. Um exemplo é a iniciativa "Cidade das Árvores", que tem como objetivo plantar um milhão de árvores em áreas urbanas de todo o país. Através de parcerias com governos locais, empresas e organizações comunitárias, esta iniciativa está a revitalizar as paisagens urbanas, a melhorar a qualidade do ar e a melhorar a qualidade de vida geral dos residentes. Estas iniciativas de base demonstram o poder da ação colectiva para criar mudanças sociais positivas e impacto ambiental. Ao mobilizarem as comunidades para plantarem árvores em conjunto, estas iniciativas não só embelezam e restauram os ecossistemas, como também capacitam os indivíduos para se tornarem agentes de mudança nas suas comunidades. Servem como exemplos brilhantes de como a plantação de árvores pode unir as pessoas, elevar as populações marginalizadas e construir comunidades resistentes que estão melhor equipadas para enfrentar os desafios do futuro.

Em conclusão:

O impacto social da plantação de árvores vai muito além do ato de plantar árvores - é uma viagem transformadora que junta as pessoas, dá poder aos indivíduos e cultiva um sentido de responsabilidade colectiva para com o ambiente. Ao aproveitar o poder das árvores para fortalecer os laços sociais, elevar as populações marginalizadas e construir comunidades resistentes, podemos criar um mundo mais justo, equitativo e sustentável para todos. Através dos nossos esforços colectivos, podemos crescer juntos, uma árvore de cada vez, e deixar um legado de gestão social e ambiental para as gerações vindouras.

CAPÍTULO 5

SUSTENTAR O FUTURO: ESTRATÉGIAS A LONGO PRAZO PARA A PLANTAÇÃO DE ÁRVORES

A sustentabilidade não é apenas uma palavra de ordem; é o princípio orientador por detrás de esforços eficazes de plantação de árvores. Neste capítulo, embarcamos numa viagem ao coração da sustentabilidade, explorando o papel vital da adoção de estratégias de longo prazo para garantir a resiliência e a longevidade dos nossos empreendimentos arbóreos. À medida que nos confrontamos com um ambiente em constante mudança, caracterizado pela alteração dos padrões climáticos e pelo aumento do impacto humano, torna-se cada vez mais imperativo implementar práticas que possam resistir ao teste do tempo.

Na vanguarda destas estratégias a longo prazo está a agrofloresta - uma abordagem holística à gestão da terra que integra as árvores nas práticas agrícolas. A agro-silvicultura representa uma coexistência harmoniosa entre os seres humanos e a natureza, onde as árvores servem como componentes integrais das paisagens agrícolas. Ao diversificar o uso da terra e ao aproveitar os múltiplos benefícios das árvores, os sistemas agroflorestais melhoram a fertilidade do solo, conservam a água e promovem a biodiversidade. Oferecem soluções sustentáveis para os desafios da segurança alimentar e dos meios de subsistência, garantindo o bem-estar das pessoas e do planeta.

A reflorestação surge como outra pedra angular dos esforços sustentáveis de plantação de árvores. À medida que nos debatemos com as consequências da desflorestação desenfreada e da perda de habitat, os projectos de reflorestação oferecem um vislumbre de esperança para restabelecer o equilíbrio dos nossos ecossistemas. Através de iniciativas estratégicas de plantação de árvores, podemos dar nova vida a paisagens degradadas, repor o coberto florestal perdido e criar corredores para a migração da vida selvagem. A reflorestação não só atenua os impactos das alterações climáticas, sequestrando dióxido de carbono, como também promove a resiliência dos ecossistemas, permitindo que as florestas resistam a futuros choques ambientais. Nos ambientes urbanos, onde as pressões do crescimento populacional e da urbanização se fazem sentir de forma mais aguda, as iniciativas de ecologização urbana desempenham um papel fundamental na criação de cidades habitáveis e sustentáveis. Ao plantar árvores e criar espaços verdes, podemos contrariar os efeitos adversos da urbanização, como a poluição atmosférica, o efeito de ilha de calor e a perda de biodiversidade. A ecologização urbana melhora a qualidade de vida urbana, proporcionando aos residentes acesso à natureza, oportunidades recreativas e um maior bem-estar mental. Promove um sentimento de orgulho comunitário e de propriedade, uma vez que os residentes se juntam para embelezar os seus bairros e criar espaços partilhados para a interação social.

À medida que enfrentamos os complexos desafios do século XXI, desde as alterações climáticas à perda de biodiversidade, a importância de manter as florestas e os espaços verdes do nosso planeta não pode ser subestimada. As estratégias a longo prazo, como a agro-silvicultura, a reflorestação e a ecologização urbana, oferecem caminhos viáveis para alcançar este objetivo. Aproveitando o poder das árvores e integrando-as nas nossas paisagens e comunidades, podemos forjar um futuro mais resiliente e sustentável para as gerações vindouras.

1. Agroflorestação:

A agrofloresta é mais do que apenas uma prática agrícola - é uma abordagem holística à gestão da terra que incorpora a interligação entre os seres humanos e a natureza. Ao integrar árvores com culturas agrícolas e produção animal, os sistemas agroflorestais oferecem uma multiplicidade de benefícios que vão muito além dos métodos agrícolas tradicionais.

No cerne da agrossilvicultura está a sua capacidade de aproveitar as interacções complementares entre as árvores e outros elementos da paisagem. As árvores prestam serviços inestimáveis aos ecossistemas agrícolas, servindo como quebra-ventos naturais e barreiras à erosão, e oferecendo sombra e abrigo às culturas e ao gado. Isto não só protege recursos agrícolas valiosos como também aumenta a resiliência global do sistema agrícola.

Para além das suas funções de proteção, as árvores desempenham um papel vital na melhoria da saúde e da fertilidade do solo. Através do ciclo de nutrientes e da acumulação de matéria orgânica, as árvores enriquecem o solo, tornando-o mais fértil e produtivo para fins agrícolas. Este facto não só reduz a necessidade de fertilizantes sintéticos, como também aumenta a sustentabilidade a longo prazo do sistema agrícola.

Além disso, os sistemas agro-florestais contribuem para a conservação da biodiversidade, criando diversos habitats para a vida selvagem. A presença de árvores nas paisagens agrícolas proporciona refúgio e oportunidades de alimentação a uma vasta gama de espécies vegetais e animais, promovendo o equilíbrio ecológico e a resiliência. Esta biodiversidade não só aumenta a resiliência do agroecossistema, como também fornece serviços ecossistémicos valiosos, como o controlo de pragas e a polinização.

Uma das contribuições mais significativas da agrofloresta é o seu papel na mitigação das alterações climáticas. Ao sequestrarem carbono na biomassa das árvores e na matéria orgânica do solo, os sistemas agroflorestais ajudam a compensar as emissões de gases com efeito de estufa e a reduzir os impactos das alterações climáticas. Este sequestro de carbono não só contribui para os esforços globais de atenuação das alterações climáticas, como também aumenta a resistência das paisagens agrícolas às pressões relacionadas com o clima, como as secas e as inundações.

Além disso, os sistemas agroflorestais contribuem para a segurança alimentar e os meios de subsistência, diversificando as fontes de rendimento e fornecendo produtos suplementares, como frutos, nozes e madeira. Isto não só aumenta a viabilidade económica das operações agrícolas, como também melhora a diversidade nutricional dos regimes alimentares locais, contribuindo para melhorar os resultados de saúde das comunidades.

2. Reflorestação:

A reflorestação é um farol de esperança na recuperação dos ecossistemas naturais do nosso planeta, oferecendo um caminho para a cura e a regeneração face à degradação generalizada. Através de iniciativas estratégicas de plantação de árvores, os esforços de reflorestação visam reconstruir os ecossistemas, conservar a biodiversidade e atenuar os impactos das alterações climáticas.

Na sua essência, a reflorestação envolve a plantação deliberada de árvores em áreas onde o coberto florestal se perdeu ou se degradou. Estes esforços vão desde projectos de grande escala destinados a restaurar vastas extensões de terras desflorestadas até iniciativas de menor escala centradas no aumento da biodiversidade e dos serviços ecossistémicos em habitats degradados. Independentemente da escala, os projectos de reflorestação desempenham um papel crucial na revitalização das paisagens e na promoção da resiliência ecológica.

Os benefícios ecológicos da reflorestação são múltiplos. Ao restaurar a cobertura florestal, a reflorestação ajuda a combater a erosão do solo, a restaurar os ciclos hidrológicos e a atenuar os impactos das alterações climáticas. As árvores actuam como sumidouros naturais de carbono, sequestrando dióxido de carbono da atmosfera e ajudando a compensar as emissões de gases com efeito de estufa. Além disso, os projectos de reflorestação criam habitat para um conjunto diversificado de espécies vegetais e animais, promovendo a biodiversidade e apoiando a saúde dos ecossistemas.

Para além dos benefícios ecológicos, os projectos de reflorestação oferecem oportunidades sociais e económicas às comunidades locais. Ao envolver os residentes nos esforços de plantação de árvores e restauração florestal, estes projectos criam empregos, melhoram os meios de subsistência e dão poder às populações marginalizadas. Através de iniciativas de formação e reforço de capacidades, os residentes locais adquirem competências e conhecimentos valiosos que podem melhorar as suas perspectivas económicas a longo prazo. Além disso, os projectos de reflorestação podem servir de plataforma para a educação e sensibilização, promovendo uma apreciação mais profunda do valor das florestas e da necessidade da sua conservação.

3. Ecologização urbana:

As iniciativas de ecologização urbana são componentes vitais na tentativa de criar cidades saudáveis e sustentáveis que dêem prioridade ao bem-estar humano e à gestão ambiental. Ao plantar árvores e criar espaços verdes em ambientes urbanos, podemos atenuar os efeitos adversos da urbanização, como a poluição atmosférica, o efeito de ilha de calor e a perda de biodiversidade. As árvores, em particular, desempenham um papel fundamental na melhoria da paisagem urbana e na melhoria da qualidade de vida geral dos residentes. Um dos benefícios mais significativos da ecologização urbana é a sua capacidade de melhorar a qualidade do ar. As árvores funcionam como filtros naturais do ar, absorvendo os poluentes nocivos e libertando oxigénio para a atmosfera. Ao reduzir os níveis de partículas e poluentes como o dióxido de azoto e o dióxido de enxofre, as árvores ajudam a criar ambientes urbanos mais limpos e saudáveis para os residentes desfrutarem.

Além disso, as árvores desempenham um papel crucial na redução do consumo de energia e na atenuação do efeito de ilha de calor urbana. Através do processo de transpiração e sombreamento, as árvores ajudam a arrefecer os ambientes urbanos, reduzindo a necessidade de ar condicionado e diminuindo os custos de energia. Ao proporcionar sombra e isolamento, as árvores também ajudam a reduzir as temperaturas nas zonas urbanas, criando espaços exteriores mais confortáveis para os residentes desfrutarem durante os meses quentes de verão.

Para além dos seus benefícios ambientais, as iniciativas de ecologização urbana oferecem inúmeras vantagens sociais e psicológicas. Ao proporcionar aos residentes acesso a espaços verdes, como parques, hortas comunitárias e florestas urbanas, estas iniciativas promovem a atividade física, melhoram a saúde mental e aumentam o bem-estar geral. Os espaços verdes funcionam como valiosos refúgios da agitação da vida citadina, oferecendo oportunidades de relaxamento, recreio e socialização.

Além disso, as iniciativas de ecologização urbana podem promover a inclusão social e o envolvimento da comunidade, proporcionando aos residentes oportunidades de participar em actividades de plantação e manutenção de árvores. Ao envolver as comunidades locais em projectos de ecologização, as cidades podem reforçar os laços sociais, fomentar um sentido de propriedade e promover a gestão ambiental entre os residentes. Os espaços verdes tornam-se bens partilhados que unem as comunidades e criam um sentimento de pertença entre populações diversas.

Em conclusão, sustentar o futuro da plantação de árvores exige a adoção de estratégias a longo prazo que abordem as dimensões ecológica, económica e social da gestão das florestas urbanas. As iniciativas de ecologização urbana, juntamente com os esforços de agroflorestação e reflorestação, oferecem abordagens inovadoras para conservar e melhorar as florestas e os espaços verdes do nosso planeta. Ao investir em esforços sustentáveis de plantação de árvores, podemos criar cidades mais saudáveis e resistentes que dão prioridade ao bem-estar das pessoas e do planeta.

CAPÍTULO 6

O LEGADO DAS ÁRVORES: CULTIVAR UM FUTURO MAIS VERDE

No momento em que nos encontramos no precipício de uma nova era, o legado das árvores chama-nos para a frente, incitando-nos a imaginar um futuro em que o delicado equilíbrio entre os seres humanos e a natureza seja restaurado. Nesta visão, as florestas verdejantes são guardiãs da biodiversidade, com as suas copas luxuriantes a oferecerem abrigo a diversos ecossistemas repletos de vida. No meio de cidades agitadas e comunidades vibrantes, as árvores prosperam, com os seus ramos a alcançar o céu num testemunho silencioso da ligação duradoura entre a humanidade e o mundo natural.

Este capítulo final serve como uma reflexão pungente sobre o profundo impacto da plantação de árvores na construção desse futuro - um futuro repleto de esperança e vitalidade, onde o legado das árvores perdura para as gerações vindouras. Através do poder transformador da plantação de árvores, temos a oportunidade de cultivar um mundo onde a abundância é a norma, onde os ecossistemas florescem e fornecem serviços essenciais a todos os seres vivos.

Neste futuro, as árvores funcionam como catalisadores da mudança, a sua presença nas paisagens urbanas refresca o ar e purifica a atmosfera, enquanto as suas raízes estabilizam o solo e atenuam os impactos das inundações. Nas zonas rurais, as práticas agro-florestais enriquecem a terra, fornecendo sustento às comunidades e preservando os meios de subsistência tradicionais. E nas vastas extensões de terra reflorestada, a biodiversidade volta a prosperar, à medida que espécies há muito ausentes regressam para recuperar os seus habitats.

Mas o legado das árvores vai para além dos seus contributos ecológicos; abrange o profundo impacto que têm na nossa consciência colectiva. Quando plantamos árvores e as vemos crescer, lembramo-nos da nossa interconexão com o mundo natural e da nossa responsabilidade de o proteger e preservar para as gerações futuras. Cada árvore plantada é um símbolo de esperança - um testemunho do nosso empenho em criar um mundo onde os seres humanos e a natureza coexistam em harmonia

1. Um farol de esperança:

Perante desafios assustadores, as árvores são símbolos inabaláveis de resiliência e renovação, personificando a notável capacidade da natureza para ultrapassar as adversidades e florescer uma vez mais. Enquanto a humanidade se debate com os profundos impactos das alterações climáticas, da perda de biodiversidade e da degradação ambiental, as árvores oferecem um farol de esperança - uma luz orientadora que ilumina o caminho para um futuro mais brilhante e sustentável.

No meio da miríade de desafios do século XXI, as árvores são aliadas inabaláveis, lembrando-nos a resiliência inerente ao mundo natural. Apesar de enfrentarem ameaças que vão desde a desflorestação à destruição do habitat, as árvores persistem, adaptando-se às condições em mudança e continuando a desempenhar os seus papéis ecológicos vitais. A sua capacidade de cura e regeneração serve como um poderoso lembrete da capacidade de renovação da natureza, inspirando-nos a enfrentar os desafios do nosso tempo com otimismo e determinação.

No meio das incertezas do mundo moderno, as árvores oferecem uma sensação de continuidade e estabilidade, ancorando-nos na sabedoria dos tempos. A sua presença duradoura fala-nos da resiliência da própria vida, assegurando-nos que, mesmo perante uma mudança sem precedentes, o mundo natural perdurará. À medida que navegamos pelas complexidades das alterações climáticas e da degradação ambiental, as árvores recordam-nos que as soluções estão ao nosso alcance, se tivermos a coragem e a determinação de as procurar.

De facto, as árvores representam muito mais do que meros símbolos; são agentes activos de mudança, capazes de catalisar a transformação à escala global. Através do poder da plantação de árvores, temos a oportunidade de aproveitar este potencial transformador e cultivar um amanhã mais verde. Ao plantar árvores e restaurar os ecossistemas florestais, podemos criar habitats prósperos para inúmeras espécies vegetais e animais, promovendo a biodiversidade e a resiliência dos ecossistemas.

Além disso, as árvores fornecem serviços e recursos essenciais que são indispensáveis para o bem-estar de todos os seres vivos. Desde a purificação do ar que respiramos até à regulação do clima e à criação de habitat para a vida selvagem, as árvores desempenham um papel fundamental na manutenção da vida na Terra. Ao cultivar e proteger estes ecossistemas vitais, podemos garantir que as gerações futuras herdem um mundo rico em biodiversidade e abundância.

2. Guardiões da Biodiversidade:

O legado das árvores transcende o seu significado ecológico; elas são as guardiãs da biodiversidade, salvaguardando a intrincada tapeçaria da vida no nosso planeta. Desde as copas imponentes das florestas tropicais até aos extensos bosques das regiões temperadas, as árvores proporcionam um habitat vital e o sustento de uma vasta gama de espécies vegetais e animais, formando a espinha dorsal dos ecossistemas da Terra. O seu papel como guardiãs da biodiversidade é indispensável, uma vez que apoiam as complexas interconexões e interdependências que sustentam a saúde e a resiliência dos ecossistemas.

Nas profundezas luxuriantes das florestas tropicais, as árvores erguem-se como sentinelas imponentes, abrigando uma diversidade de vida sem paralelo. Desde os mais pequenos insectos até aos maiores mamíferos, inúmeras espécies dependem destas florestas para se alimentarem, abrigarem e reproduzirem. A densa folhagem serve de refúgio a espécies raras e endémicas, enquanto o solo rico alimenta uma profusão de plantas. Nestes hotspots de biodiversidade, as árvores desempenham um papel vital na manutenção do delicado equilíbrio da vida, assegurando a sobrevivência de inúmeras espécies para as gerações vindouras.

Do mesmo modo, nas regiões temperadas de todo o mundo, as árvores formam extensos bosques e florestas que albergam uma grande biodiversidade. Desde os carvalhos antigos às majestosas sequóias, estas florestas albergam uma grande diversidade de flora e fauna, cada uma desempenhando um papel único no ecossistema. Os pássaros fazem os seus ninhos nos ramos, os esquilos correm entre as folhas e os fungos desenvolvem-se sob o solo da floresta. Juntos, estes organismos formam intrincadas teias de vida, sustentando o ecossistema e prestando serviços essenciais como a polinização, a dispersão de sementes e o ciclo de nutrientes. Ao proteger e restaurar as florestas, salvaguardamos a biodiversidade e asseguramos um legado de abundância para as gerações futuras. Quando as florestas são desmatadas ou degradadas, inúmeras espécies perdem as suas casas e fontes de alimento, levando ao declínio do número de populações e mesmo à extinção. Além disso, a perda de biodiversidade pode ter consequências de longo alcance para a função do ecossistema, desestabilizando ecossistemas inteiros e comprometendo a sua capacidade de fornecer serviços essenciais. Através de esforços de conservação e de práticas sustentáveis de gestão do território, podemos proteger e restaurar as florestas, preservando a sua inestimável biodiversidade para as gerações vindouras. Ao salvaguardar os habitats de espécies ameaçadas e ao promover a regeneração de ecossistemas degradados, podemos garantir que o legado das árvores perdura, proporcionando uma rica tapeçaria de vida para as gerações futuras se maravilharem e acarinharem. Ao fazê-lo, honramos não só as próprias árvores, mas também as inúmeras espécies que dependem delas para a sua sobrevivência - um legado de biodiversidade e abundância que enriquecerá o nosso planeta durante séculos.

3. Promotores de comunidades:

As árvores são componentes integrais de comunidades vibrantes e resilientes, actuando como guardiãs que melhoram o bem-estar humano e a qualidade de vida de inúmeras formas. A sua presença vai muito para além da mera estética, oferecendo serviços e recursos essenciais que promovem a coesão social e a vitalidade da comunidade. Imagine uma rua arborizada num dia quente de verão, em que a luz do sol se filtra através da copa das árvores, proporcionando sombra e descanso do calor. Aqui, os vizinhos reúnem-se debaixo das árvores, conversam, partilham histórias e estabelecem ligações que reforçam o tecido da comunidade. Além disso, as árvores proporcionam benefícios tangíveis que contribuem para a saúde e o bem-estar dos membros da comunidade. A sombra proporcionada pelas árvores ajuda a arrefecer os ambientes urbanos, reduzindo o efeito de ilha de calor urbana e atenuando os impactos de fenómenos de calor extremo. Os pomares comunitários, em particular, servem de pontos focais para o envolvimento e a capacitação da comunidade, fornecendo não só frutos frescos e nozes, mas também oportunidades de educação, recreio e ação colectiva. Através de projectos de plantação de árvores liderados pela comunidade, os residentes juntam-se para plantar, cuidar e colher árvores, promovendo um sentido de propriedade e orgulho no seu bairro. Estas iniciativas não só embelezam as paisagens urbanas, como também reforçam os laços sociais e criam resiliência face aos desafios ambientais. Ao investir em iniciativas de ecologização urbana e em projectos de plantação de árvorcs liderados pela comunidade, podemos cultivar bairros prósperos e cidades resilientes onde as pessoas e a natureza coexistem em harmonia. Através de esforços de colaboração para plantar e cuidar de árvores, as comunidades podem criar espaços verdes que melhoram a sua qualidade de vida, promovem o bem-estar físico e mental e reforçam os laços sociais. Ao fazê-lo, não só alimentamos a saúde e a vitalidade das nossas comunidades, como também asseguramos um legado de sustentabilidade e resiliência para as gerações vindouras.

4. Administradores da Terra:

Como administradores da Terra, cabe-nos reconhecer a nossa responsabilidade de cuidar e proteger o mundo natural para benefício das gerações actuais e futuras. O legado das árvores serve como um lembrete pungente da nossa interconexão com a teia da vida e da importância crítica de preservar e restaurar os ecossistemas para garantir o bem-estar de todos os seres na Terra. Ao adotar práticas sustentáveis como a agrossilvicultura, a reflorestação e a ecologização urbana, podemos deixar um legado de gestão e abundância, abrindo caminho a um futuro mais verde e sustentável para todos. Não são meras entidades passivas, mas agentes activos de mudança, moldando ecossistemas, sustentando a vida e prestando serviços inestimáveis à humanidade. Como administradores da Terra, é nosso dever proteger e nutrir estes recursos vitais, assegurando a sua preservação para usufruto das gerações futuras.

Através de práticas sustentáveis como a agro-silvicultura, podemos integrar árvores em paisagens agrícolas, melhorando a saúde do solo, aumentando a biodiversidade e melhorando a resistência às alterações climáticas. Ao plantar árvores juntamente com as culturas, podemos criar agro-ecossistemas diversificados e produtivos que fornecem alimentos, combustível e meios de subsistência, ao mesmo tempo que atenuam os impactos da degradação ambiental. A reflorestação também desempenha um papel fundamental na nossa gestão da Terra. Ao restaurar paisagens degradadas e repor a cobertura florestal perdida, podemos atenuar os impactos da desflorestação, conservar a biodiversidade e sequestrar carbono para atenuar as alterações climáticas. Os projectos de reflorestação oferecem oportunidades de envolvimento e capacitação da comunidade, proporcionando empregos, restaurando ecossistemas e promovendo um sentimento de orgulho e propriedade entre os residentes locais.

Nas zonas urbanas, as iniciativas de ecologização urbana permitem-nos levar os benefícios das árvores e dos espaços verdes a comunidades densamente povoadas. Ao plantar árvores nas cidades e vilas, podemos reduzir a poluição atmosférica, atenuar o efeito de ilha de calor urbana e melhorar a qualidade de vida geral dos residentes. Os projectos de arborização urbana também oferecem oportunidades de envolvimento da comunidade, promovendo a participação cívica e reforçando os laços sociais.

Em conclusão, o legado das árvores oferece-nos uma visão de um mundo onde os seres humanos e a natureza coexistem em harmonia, onde as florestas exuberantes e os ecossistemas vibrantes prosperam e onde abundam a abundância e a vitalidade. Ao adotar práticas sustentáveis como a agrossilvicultura, a reflorestação e a ecologização urbana, podemos moldar um futuro em que o legado das árvores perdure, deixando para trás um mundo mais verde, mais saudável e mais resistente para as gerações vindouras. Como administradores da Terra, é nossa responsabilidade atender ao apelo das árvores e trabalhar incansavelmente para garantir um futuro sustentável e próspero para todos.

REFERÊNCIAS

• Agamuthu, P. (2009). Desafios e oportunidades na gestão dos resíduos agrícolas: Uma perspetiva asiática. In Inaugural meeting of first regional 3R forum in Asia (Vol. 11, 12). Universidade da Malásia.

• Altieri, M. A. (2002). Agroecologia: A ciência da gestão de recursos naturais para agricultores pobres em ambientes marginais. Agricultura, Ecossistemas e Meio Ambiente, 93(1-3), 1-24.

• Benatti, A. L. T., & Polizeli, M. D. L. T. D. M. (2023). Biocatalisadores lignocelulolíticos: Os principais atores envolvidos em múltiplos processos biotecnológicos para valorização da biomassa. Microorganismos, 11(1), 162.

• Blay-Palmer, A., Sonnino, R., & Custot, J. (2016). Uma política alimentar do possível? Cultivando sistemas alimentares sustentáveis através de redes de conhecimento. Agricultura e Valores Humanos, 33, 27-43.

• Bosecker, K. (1997). Bioleaching: Solubilização de metais por microrganismos. FEMS Microbiology Reviews, 20(3-4), 591-604.

• Boserup, E. (1975). The impact of population growth on agricultural output. The Quarterly Journal of Economics, 89(2), 257-270.

• Bouallagui, H., Touhami, Y., Cheikh, R. B., & Hamdi, M. (2005). Desempenho do biorreactor na digestão anaeróbia de resíduos de frutas e legumes. Process Biochemistry, 40(3-4), 989-995.

• Bracco, S., Calicioglu, O., Gomez San Juan, M., & Flammini, A. (2018). Avaliando a contribuição da bioeconomia para a economia total: A review of national frameworks. Sustentabilidade, 10(6), 1698.

• Brennan, L., & Owende, P. (2010). Biofuels from microalgae-A review of technologies for production, processing, and extractions of biofuels and co-products. Renewable and Sustainable Energy Reviews, 14(2), 557-577.

• Chi, X., Wang, M. Y., & Reuter, M. A. (2014). Canais de recolha de resíduos electrónicos e comportamentos de reciclagem doméstica em Taizhou, na China.

Journal of Cleaner Production, 80, 87-95.

• Chiellini, E., Corti, A., & Swift, G. (2003). Biodegradação de polietilenos de baixa densidade fragmentados e oxidados termicamente. Polymer Degradation and Stability, 81(2), 341-351.

• Conti, F., Toor, S. S., Pedersen, T. H., Seehar, T. H., Nielsen, A. H., & Rosendahl, L. A. (2020). Valorização de resíduos animais e humanos por meio de liquefação hidrotérmica para produção de biocrude e recuperação simultânea de nutrientes. Conversão e Gestão de Energia, 216, 112925.

• Converti, A., azza, A. A., Ortiz, E. Y., Perego, P., & Del Borghi, M. (2009). Efeito da temperatura e da concentração de azoto no crescimento e no teor lipídico de Nannochloropsis oculata e Chlorella vulgaris para a produção de biodiesel. Chemical Engineering and Processing: Process Intensification, 48(6), 1146-1151.

• Cordell, D., Drangert, J. O., & White, S. (2009). A história do fósforo: Global food security and food for thought. Global Environmental Change, 19(2), 292-305.

• Diaz, L. F., Savage, G. M., & Eggerth, L. L. (2005). Alternativas para o tratamento e eliminação de resíduos de cuidados de saúde nos países em desenvolvimento. Waste Management, 25(6), 626-637.

• Diener, S., Zurbrügg, C., & Tockner, K. (2009). Conversão de material orgânico por larvas de mosca-soldado negra: Estabelecimento de taxas de alimentação óptimas. Waste Management & Research, 27(6), 603-610.

• Dorward, A., Poole, N., Morrison, J., Kydd, J., & Urey, I. (2003). Markets, institutions and technology:Missing links in livelihoods analysis (Mercados, instituições e tecnologia: elos em falta na análise dos meios de subsistência). Development Policy Review, 21(3), 319-332.

Printed by Books on Demand GmbH, Norderstedt / Germany